河南省工程建设标准

建筑垃圾再生细骨料干混砂浆应用技术规程

Technical specifications for application of dry-mixed
mortar of recycled fine aggregate made of
construction and demolition waste

DBJ41/T177−2017

主编单位：河南省建筑科学研究院有限公司
批准单位：河南省住房和城乡建设厅
施行日期：2017 年 10 月 1 日

黄河水利出版社

2017　郑　州

图书在版编目(CIP)数据

建筑垃圾再生细骨料干混砂浆应用技术规程/河南省建筑科学研究院有限公司主编.—郑州:黄河水利出版社,2017.9
ISBN 978-7-5509-1864-1

Ⅰ.①建… Ⅱ.①河… Ⅲ.①建筑垃圾-再生混凝土-干混料-混合砂浆-应用-技术规范-河南 Ⅳ.①TU528.59-65

中国版本图书馆 CIP 数据核字(2017)第 244589 号

出 版 社:黄河水利出版社
　　　　　地址:河南省郑州市顺河路黄委会综合楼 14 层　邮政编码:450003
发行单位:黄河水利出版社
　　　　　发行部电话:0371-66026940、66020550、66028024、66022620(传真)
　　　　　E-mail:hhslcbs@126.com
承印单位:河南新华印刷集团有限公司
开本:850 mm×1 168 mm　1/32
印张:1.25
字数:28 千字　　　　　　　　　　　印数:1—2 000
版次:2017 年 9 月第 1 版　　　　　　印次:2017 年 9 月第 1 次印刷

定价:20.00 元

河南省住房和城乡建设厅文件

豫建设标〔2017〕71号

河南省住房和城乡建设厅关于发布河南省工程建设标准《建筑垃圾再生细骨料干混砂浆应用技术规程》的通知

各省辖市、省直管县(市)住房和城乡建设局(委),郑州航空港经济综合实验区市政建设环保局,各有关单位:

由河南省建筑科学研究院有限公司主编的《建筑垃圾再生细骨料干混砂浆应用技术规程》已通过评审,现批准为我省工程建设地方标准,编号为 DBJ41/T177-2017,自 2017 年 10 月 1 日起在我省施行。

此标准由河南省住房和城乡建设厅负责管理,技术解释由河南省建筑科学研究院有限公司负责。

河南省住房和城乡建设厅

2017 年 9 月 8 日

前　言

根据河南省人民政府《关于加强城市建筑垃圾管理促进资源化利用的意见》(豫政〔2015〕39号)及河南省住房和城乡建设厅《关于印发〈2016年度河南省第二批工程建设标准制订修订计划〉的通知》(豫建设标〔2016〕81号)的要求,河南省建筑科学研究院有限公司组织相关单位,广泛调查研究,认真总结实践经验,参考国内外有关标准,在广泛征求意见的基础上,编制了本规程。

本规程的主要技术内容:1 总则;2 术语、符号;3 基本规定;4 材料要求;5 施工;6 质量验收。

在本规程执行过程中,请各相关单位注意总结经验,积累资料,随时将有关意见和建议反馈给河南省建筑科学研究院有限公司(郑州市金水区丰乐路4号,邮编:450053)。

主 编 单 位:河南省建筑科学研究院有限公司

参 编 单 位:河南省建筑工程质量检验测试中心站有限公司

安阳市建元再生资源利用有限公司

河南环石环境技术有限公司

许昌金科资源再生股份有限公司

华北水利水电大学

河南建筑职业技术学院

郑州市市政工程总公司

主要起草人员: 钱　伟　钟　芳　汪天舒　段　慧　吕常胜

高　琦　陈爱玖　薛　飞　靳子君　周后志

宋显锐　孙晓培　袁建伟　毛占平　饶秋生

王　衡　邓永旗　李国堂　冯林伟　张道令

杜　朝　李宝光　栗广兵　殷战红　苗　勇

段伟民　杨敬宇　尚永刚　孟　亮　王喜霞
屈凌俊　马四军　任秋华　崔艳玲　李红梅
主要审查人员：刘立新　胡伦坚　张利萍　韩　阳　季三荣
张　维　王建刚

目　次

1 总　则

1.0.1 为规范建筑垃圾再生细骨料干混砂浆在建设工程中的应用，并做到技术先进、经济合理、适用可靠、确保质量，制定本规程。

1.0.2 本规程适用于专业化生产并用于砌筑、抹灰、地面工程的建筑垃圾再生细骨料干混砂浆的施工与质量验收。

1.0.3 建筑垃圾再生细骨料干混砂浆的施工与质量验收除应符合本规程的规定外，尚应符合国家现行有关标准的规定。

2 术语、符号

2.1 术语

2.1.1 建筑垃圾 construction and demolition waste

对各类建筑物和构筑物及其辅助设施等进行建设、改造、装修、拆除、铺设等过程中产生的各类固体废物,主要包括渣土、废旧混凝土、碎砖瓦、废沥青、废旧管材、废旧木材等。

2.1.2 建筑垃圾再生细骨料 recycled fine aggregate made of construction and demolition waste

由建筑垃圾中的混凝土、砂浆、石或砖瓦等加工而成,粒径不大于 4.75 mm 的颗粒。

2.1.3 干混砂浆 dry-mixed mortar

水泥、细骨料、添加剂以及根据性能确定的其他组分,按一定比例,在专业生产厂经计量、混合而成的混合物,在使用地点按规定比例加水或配套组分拌和使用。

2.1.4 建筑垃圾再生细骨料取代率 replacement ratio of recycled fine aggregate made of construction and demolition waste

建筑垃圾再生细骨料用量占细骨料总用量的质量百分比。

2.1.5 建筑垃圾再生细骨料干混砂浆 dry-mixed mortar of recycled fine aggregate made of construction and demolition waste

建筑垃圾再生细骨料取代率不小于 40% 的干混砂浆。

2.1.6 地面砂浆 flooring mortar

用于建筑地面找平层、屋面找平层的砂浆。

2.2 符　号

RDM——建筑垃圾再生细骨料干混砌筑砂浆

RDP——建筑垃圾再生细骨料干混抹灰砂浆

RDS——建筑垃圾再生细骨料干混地面砂浆

3 基本规定

3.1 一般规定

3.1.1 建筑垃圾再生细骨料干混砂浆用于砌体结构时,应符合现行国家标准《砌体结构设计规范》GB50003 和《砌体结构工程施工质量验收规范》GB50203 的相关规定。

3.1.2 建筑垃圾再生细骨料干混砂浆用于抹灰工程时,应符合现行国家标准《建筑装饰装修工程质量验收规范》GB50210 及现行行业标准《抹灰砂浆技术规程》JGJ/T220 的相关规定。

3.1.3 建筑垃圾再生细骨料干混砂浆用于地面工程时,应符合现行国家标准《建筑地面工程施工质量验收规范》GB50209 的相关规定。

3.1.4 建筑垃圾再生细骨料干混砂浆性能试验方法应按现行行业标准《建筑砂浆基本性能试验方法标准》JGJ/T70 的相关规定执行。

3.1.5 建筑垃圾再生细骨料干混砂浆检验、包装、储存和运输、订货和交货应满足现行国家标准《预拌砂浆》GB/T25181 的相关规定。

3.1.6 建筑垃圾再生细骨料干混砂浆的保质期自生产日期起为 3个月。

3.2 技术要求

3.2.1 建筑垃圾再生细骨料干混砂浆应均匀、无结块。

3.2.2 建筑垃圾再生细骨料干混砂浆的抗压强度应符合表 3.2.2

的规定。砌体力学性能应符合现行国家标准《砌体结构设计规范》GB50003 的规定。

表 3.2.2　建筑垃圾再生细骨料干混砂浆抗压强度

强度等级	M5	M7.5	M10	M15	M20	M25
28 d 抗压强度（MPa）	≥5.0	≥7.5	≥10.0	≥15.0	≥20.0	≥25.0

3.2.3　建筑垃圾再生细骨料干混砂浆的性能指标应符合表 3.2.3 的要求。

表 3.2.3　建筑垃圾再生细骨料干混砂浆性能指标

项目		RDM		RDP		RDS
		普通砌筑砂浆	薄层砌筑砂浆	普通抹灰砂浆	薄层抹灰砂浆	
强度等级		M5、M7.5、M10、M15、M20	M5、M10	M5、M10、M15、M20	M5、M10	M15、M20、M25
保水率（%）		≥88	≥99	≥88	≥99	≥88
凝结时间（h）		3~9	—	3~9	—	3~9
2 h 稠度损失率（%）		≤30	—	≤30	—	≤30
14 d 拉伸粘结强度（MPa）		—	—	M5：≥0.15；>M5：≥0.20	≥0.30	—
28 d 收缩率（%）		—	—	≤0.20	≤0.20	—
抗冻性	强度损失率（%）	≤25				
	质量损失率（%）	≤5				

注：有抗冻性要求时，应进行抗冻性试验。

4 材料要求

4.0.1 建筑垃圾再生细骨料干混砂浆所用原材料不应对人体、生物及环境造成有害的影响,并应符合国家有关安全和环保标准的相关规定。

4.0.2 水泥应符合下列要求:

   1 水泥宜采用散装通用硅酸盐水泥,且应符合现行国家标准《通用硅酸盐水泥》GB175 的规定。

   2 水泥进场时应具有质量证明文件。对进场水泥应按现行国家标准的规定按批进行复验,复验合格后方可使用。

4.0.3 细骨料应符合下列要求:

   1 建筑垃圾再生细骨料应符合现行国家标准《混凝土和砂浆用再生细骨料》GB/T25176 的规定。建筑垃圾再生细骨料使用前应按现行国家相关标准的规定按批进行复验,复验合格后方可使用。

   2 天然砂、机制砂应符合现行国家标准《建筑用砂》GB/T 14684 和现行行业标准《普通混凝土用砂、石质量及检验方法标准》JGJ52 的规定。天然砂、机制砂使用前应按照国家现行相关标准的规定按批进行复验,复验合格后方可使用。

4.0.4 矿物掺和料应符合下列要求:

   1 粉煤灰、粒化高炉矿渣粉、硅灰、天然沸石粉应分别符合现行国家标准《用于水泥和混凝土中的粉煤灰》GB/T1596、《用于水泥和混凝土中的粒化高炉矿渣粉》GB/T18046、《砂浆和混凝土用硅灰》GB/T27690、现行行业标准《天然沸石粉在混凝土与砂浆中应用技术规程》JGJ/T112 的规定,采用其他品种矿物掺和料时,应经过试验验证。

　　2　矿物掺和料的掺量应符合相关标准的规定,并应通过试验确定。

　　3　矿物掺和料进场时应具有质量证明文件。对进场矿物掺和料应按现行国家标准的规定按批进行复验,复验合格后方可使用。

4.0.5　外加剂应符合现行国家标准《混凝土外加剂》GB8076、现行行业标准《砂浆、混凝土防水剂》JC474 以及其他现行标准的规定。外加剂进场时应具有质量证明文件。对进场外加剂应按现行国家标准的规定按批进行复验,复验合格后方可使用。

4.0.6　添加剂应符合下列要求:

　　1　保水增稠材料、可再分散乳胶粉、颜料、纤维等应符合相关标准的规定或经过试验验证。

　　2　保水增稠材料用于砌筑砂浆时应符合现行行业标准《砌筑砂浆增塑剂》JG/T164、《抹灰砂浆增塑剂》JG/T426 的规定。

　　3　添加剂进场时应具有质量证明文件。对进场添加剂应按现行国家标准的规定按批进行复验,复验合格后方可使用。

4.0.7　重质碳酸钙、轻质碳酸钙、石英粉、滑石粉等填料应符合相关标准的规定或经过试验验证。

4.0.8　拌制砂浆用水应符合现行行业标准《混凝土用水标准》JGJ63 的规定。

5 施 工

5.1 一般规定

5.1.1 建筑垃圾再生细骨料干混砂浆应按照产品说明书的要求进行施工。

5.1.2 当室外日平均气温连续 5 d 稳定低于 5 ℃时,砌体工程应采取冬季施工措施。

5.1.3 建筑垃圾再生细骨料干混砌筑砂浆和抹灰砂浆的稠度应根据施工要求确定。

5.1.4 建筑垃圾再生细骨料干混砂浆施工完成后应按产品使用说明要求进行必要的养护。

5.2 进场检验

5.2.1 建筑垃圾再生细骨料干混砂浆进场时,供方应按规定批次向需方提供产品说明书和质量证明文件。质量证明文件应包括产品型式检验报告和出厂检验报告。

5.2.2 建筑垃圾再生细骨料干混砂浆进场时应进行外观检验,应无结块、受潮现象。袋装时应包装完整。

5.2.3 建筑垃圾再生细骨料干混砂浆外观检验合格后,应按表 5.2.3的规定进行复验。

5.3 储 存

5.3.1 不同品种的散装干混砂浆应分别储存在散装移动筒仓内,不得混存混用,并应对筒仓进行标识。筒仓数量应满足砂浆品种及施工要求。更换砂浆品种时,筒仓应清空。

表 5.2.3 建筑垃圾再生细骨料干混砂浆现场复验项目

砂浆品种		现场复验项目	批量
RDM	普通砌筑砂浆	抗压强度、保水率	同一生产厂家、同一品种、同一等级、同一批号且连续进场的干混砂浆,每 500 t 为一批,不足 500 t 时,应按一个检验批计
	薄层砌筑砂浆	抗压强度、保水率	
RDP	普通抹灰砂浆	抗压强度、保水率、拉伸粘结强度	
	薄层抹灰砂浆	抗压强度、保水率、拉伸粘结强度	
RDS		抗压强度、保水率	

5.3.2 筒仓应符合现行行业标准《干混砂浆散装移动筒仓》SB/T10461 的规定,并应在现场安装牢固。

5.3.3 袋装干混砂浆应储存在干燥、通风、防潮、不受雨淋的场所,并应按品种、批号分别堆放,不得混堆混用,且应先存先用。配套组分中的有机类材料应储存在阴凉、干燥、通风、远离火和热源的场所,不应露天存放和暴晒,储存环境温度应为 5~35 ℃。

5.3.4 散装干混砂浆在储存及使用过程中,当对砂浆质量的均匀性有疑义或争议时,应按现行行业标准《预拌砂浆应用技术规程》JGJ/T223 的规定检验其均匀性。

5.4 拌 和

5.4.1 建筑垃圾再生细骨料干混砂浆应按产品说明书的要求加水或其配套组分拌和,不得添加其他成分。

5.4.2 建筑垃圾再生细骨料干混砂浆应采用机械搅拌,搅拌时间除应符合产品说明书的要求外,尚应符合下列规定:

1 宜采用机械搅拌,搅拌时间宜为 3~5 min,并应搅拌均匀。

2 采用手持式电动搅拌器搅拌时,应先在容器中加入规定的水或配套液体,再加入干混砂浆搅拌,搅拌时间宜为 3～5 min,并按产品说明书要求静停,然后再次搅拌后备用。

3 搅拌结束,应及时清洗搅拌设备。

5.4.3 砂浆拌和物出现少量泌水时,应拌和均匀后使用。

5.5 砌筑砂浆

5.5.1 建筑垃圾再生细骨料干混砌筑砂浆分为普通砌筑砂浆和薄层砌筑砂浆,普通砌筑砂浆适用于灰缝厚度大于 5 mm 的砌筑工程,薄层砌筑砂浆适用于灰缝厚度不大于 5 mm 的砌筑工程。

5.5.2 砌筑非烧结砖或砌块砌体时,块材的含水率应符合国家现行有关标准的规定。

5.5.3 采用薄层砌筑砂浆施工法砌筑蒸压加气混凝土砌体时,砌块不宜湿润。

5.5.4 对于砖砌体、小砌块砌体,常温下的日砌筑高度宜控制在 1.5 m 以下或一步脚手架高度内。

5.5.5 竖向灰缝应采用加浆法或挤浆法使其饱满,不应先干砌后灌缝。

5.5.6 当砌体上的砖块被撞动或需移动时,应将原有砂浆清除后再铺浆砌筑。

5.6 抹灰砂浆

5.6.1 建筑垃圾再生细骨料干混抹灰砂浆分为普通抹灰砂浆和薄层抹灰砂浆,普通抹灰砂浆适用于一次性抹灰厚度在 5～7 mm 以内的混凝土和砌体的抹灰工程,薄层抹灰砂浆适用于一次性抹灰厚度不大于 5 mm 的混凝土和砌体的抹灰工程。

5.6.2 抹灰施工应在主体结构完工并验收合格后进行。

5.6.3 抹灰砂浆基层表面应平整、坚实、洁净,没有杂物、残留灰浆、舌头灰、尘土等。

5.6.4 不同材质的基体交接处,应采取防止开裂的加强措施。当采用加强网时,每侧铺设宽度不应小于 100 mm。

5.6.5 在混凝土、蒸压加气混凝土砌块、混凝土小型空心砌块、混凝土多孔砖等基材上抹灰时,宜采用配套的界面砂浆对基层进行处理。

5.6.6 在烧结砖等吸水速度快的基体上抹灰时,应提前对基层浇水润湿。施工时,基层表面不得有明水。

5.6.7 采用薄层砂浆施工法抹灰时,基层可不做界面处理。

5.6.8 抹灰工艺应根据设计要求、砂浆产品说明书、基层情况等确定。

5.6.9 抹灰应分层进行,每层每次抹灰厚度宜为 5 ~ 7 mm,并应待前一层达到六七成干后再涂抹后一层。当抹灰总厚度大于或等于 35 mm 时,应采取加强措施。

5.6.10 各层抹灰砂浆在凝结硬化前,应防止暴晒、淋雨、水冲、撞击、振动和受冻。抹灰砂浆施工完成后,应采取措施防止玷污和损坏。

5.7 地面砂浆

5.7.1 建筑垃圾再生细骨料干混地面砂浆适用于厚度不大于 30 mm 的地面找平层和屋面找平层。

5.7.2 地面砂浆找平层厚度应符合设计要求。

5.7.3 地面砂浆施工时,基层应平整、坚固,表面应洁净。有防水要求的地面,施工前应对立管、套管和地漏与楼板节点之间进行密封处理,并进行隐蔽验收,排水坡度应符合设计要求。

5.7.4 地面砂浆施工时,大面积地面找平层应分区段进行铺设,分区段应结合变形缝位置、不同材料的地面面层的连接和设备基础位置等进行划分。

5.7.5 地面砂浆铺设完成后,以墙上水平标高线及找平墩为准检查平整度,高处铲掉,凹处补平。有坡度要求的房间应按设计要求的坡度找坡。

6 质量验收

6.1 一般规定

6.1.1 建筑垃圾再生细骨料干混砂浆的施工质量验收应提供下列资料：

    1 设计资料。

    2 砂浆原材料合格证、产品质量证明文件。

    3 砂浆进场验收记录和复验报告。

    4 隐蔽工程验收记录。

    5 其他必要的文件和记录。

6.1.2 当建筑垃圾再生细骨料干混砂浆的施工质量不符合要求时，应按下列规定执行：

    1 经返工、返修的检验批应重新进行验收。

    2 经返修或加固处理能够满足结构安全使用要求的检验批，可根据技术处理方案或协商文件进行验收。

6.1.3 建筑垃圾再生细骨料干混砂浆抗压强度试块应符合下列规定：

    1 砌筑砂浆和抹灰砂浆每检验批应至少留置 1 组抗压强度试块。地面砂浆每检验批不超过 1 000 m² 也应至少留置 1 组抗压强度试块。

    2 砂浆抗压强度试块应在使用地点或搅拌机出料口随机取样。

    3 砂浆抗压强度试块的制作、养护、试压等应符合现行行业标准《建筑砂浆基本性能试验方法标准》JGJ/T70 的规定，龄期应为 28 d。

6.2 砌筑砂浆

6.2.1 相同材料、强度等级的砌筑砂浆,每 100 t 为 1 个检验批,不足 100 t 时,也按 1 个检验批计。

6.2.2 砌筑砂浆抗压强度应按检验批进行评定,其合格条件如下:

    1 同一检验批的砌筑砂浆试块抗压强度平均值不应小于设计强度等级所对应的立方体抗压强度值的 1.10 倍,且抗压强度最小值不应小于设计强度等级所对应的立方体抗压强度值的 0.85 倍。

    2 当同一检验批的砌筑砂浆抗压强度试块少于 3 组时,每组试块抗压强度均不应小于设计强度等级所对应的立方体抗压强度值的 1.10 倍。

6.3 抹灰砂浆

6.3.1 抹灰工程验收前,各检验批应按下列规定划分:

    1 相同材料、工艺和施工条件的室外抹灰工程,每 500 ~ 1 000 m^2 应划分为 1 个检验批,不足 500 m^2 也应划分为 1 个检验批。

    2 相同材料、工艺和施工条件的室内抹灰工程,每 50 个自然间(大面积房间和走廊按抹灰面积 30 m^2 为 1 间)应划分为 1 个检验批,不足 50 间也应划分为 1 个检验批。

6.3.2 每个检验批的检查数量应符合下列规定:

    1 室外抹灰工程,每 100 m^2 应至少抽查 1 处,每处不得少于 10 m^2。

    2 室内抹灰工程,应至少抽查 10%,且不得少于 3 间,不足 3 间者,应全数检查。

6.3.3 抹灰工程的表面质量应符合下列规定:抹灰表面应光滑、洁净、接槎平整、阴阳角顺直,设分格缝时,分格缝应清晰。

6.3.4 抹灰层与基层之间及各抹灰层之间应粘结牢固,抹灰层无脱层、空鼓,面层无爆灰和裂缝。

6.3.5 护角、孔洞、槽盒周围及与各构件交接处的墙面抹灰表面应整齐、光滑,管道后面的抹灰表面应平整。

6.3.6 抹灰砂浆抗压强度应按检验批进行评定,其合格条件如下:

1 同一检验批的抹灰砂浆试块抗压强度平均值不应小于设计强度等级所对应的立方体抗压强度值,且抗压强度最小值不应小于设计强度等级所对应的立方体抗压强度值的 0.75 倍。

2 同一检验批的砌筑砂浆抗压强度试块少于 3 组时,每组试块抗压强度均不应小于设计强度等级所对应的立方体抗压强度值。

6.3.7 室外抹灰砂浆层应在 28 d 龄期时,按现行行业标准《抹灰砂浆技术规程》JGJ/T220 的规定进行实体拉伸粘结强度检测。

6.3.8 室外抹灰层拉伸粘结强度检测时,应符合下列规定:

1 相同材料、工艺和施工条件的室外抹灰工程每 5 000 m² 为 1 个检验批,不足 5 000 m² 的也应为 1 个检验批,每检验批应至少取 1 组试件进行检测。

2 同一检验批的抹灰层拉伸粘结强度平均值不小于 0.25 MPa,且最小值不小于 0.20 MPa 时,判定合格,否则,判定为不合格。

6.4 地面砂浆

6.4.1 地面砂浆工程验收前,各检验批应按下列规定划分:

1 每一层次或每层施工段(或变形缝)应作为 1 个检验批。

2 高层或多层建筑的标准层可按每 3 层作为 1 个检验批,不足 3 层时,也应作为 1 个检验批。

6.4.2 每检验批的检查数量应符合下列规定:

    1 每检验批应按自然间或标准间随机检验,抽查数量不得少于 3 间,不足 3 间者,应全数检查。

    2 走廊(过道)应以 10 延长米为 1 间,工业厂房(按单跨计)、礼堂、门厅应以 2 个轴线为 1 间计算。

    3 对有防水要求的建筑地面,每检验批应按自然间或标准间总数随机检验,抽查数量不得少于 4 间,不足 4 间者,应全数检查。

6.4.3 地面砂浆表面应密实,不应有起砂、蜂窝和裂缝等缺陷。

6.4.4 地面砂浆层与其下一层结合应牢固,不应有空鼓。

6.4.5 地面砂浆抗压强度按检验批进行评定。当同一检验批的砂浆试块抗压强度平均值不小于设计强度等级所对应的立方体抗压强度值时,判定合格;否则,判定为不合格。

本规范用词说明

1 为了便于在执行本规范条文时区别对待,对要求严格程度不同的用词说明如下:

(1)表示严格,非这样做不可的:

正面词采用"必须",反面词采用"严禁";

(2)表示严格,在正常情况下均应这样做的:

正面词采用"应",反面词采用"不应"或"不得";

(3)表示允许稍有选择,在条件许可时首先应这样做的:

正面词采用"宜",反面词采用"不宜";

(4)表示有选择,在一定条件下可以这样做的,采用"可"。

2 条文中指明应按照其他有关标准执行的写法为"应符合……的规定"或"应按……执行"。

引用标准目录

24 《再生骨料应用技术规程》JGJ/T240

25 《河南省居住建筑节能设计标准(夏热冬冷地区)》DBJ41/071

26 《河南省居住建筑节能设计标准(寒冷地区)》DBJ41/062

河南省工程建设标准

建筑垃圾再生细骨料干混砂浆应用技术规程

DBJ41/T177-2017

条 文 说 明

目　次

1 总 则

1.0.1 本条说明了制定本规程的目的。建筑垃圾再生细骨料干混砂浆是近年来随着科技进步和文明施工要求发展起来的一种新型建筑材料,它利用建筑垃圾再生细骨料替代天然细骨料,既减少了建筑垃圾的环境污染,也减少了对天然资源的消耗,具有重大的意义。推广使用建筑垃圾再生细骨料干混砂浆是实现资源综合利用,促进文明施工的一项重要技术手段。

为了规范建筑垃圾再生细骨料干混砂浆在建设工程中的应用,使设计、施工及监理各方掌握建筑垃圾再生细骨料干混砂浆的特点,正确使用建筑垃圾再生细骨料干混砂浆,从而保证建筑垃圾再生细骨料干混砂浆的工程质量,制定本规程。

1.0.2 本条说明了规程的适用范围。根据大量的调查研究,目前建筑垃圾再生细骨料干混砂浆主要用于建设工程中的砌筑、抹灰、地面或屋面找平层工程。其他种类和用途的再生细骨料干混砂浆可参照本规程执行。

1.0.3 建筑垃圾再生细骨料干混砂浆应用于不同的工程中,还应满足相应工程的验收规范。如砌筑砂浆还应符合现行国家标准《砌体结构工程施工质量验收规范》GB50203 的要求,抹灰砂浆还应符合现行国家标准《建筑装饰装修工程质量验收规范》GB50210 的要求,地面砂浆还应符合现行国家标准《建筑地面工程施工质量验收规范》GB50209 的要求等。

2 术语、符号

2.1 术 语

2.1.1 建筑垃圾的定义引自现行行业标准《建筑垃圾处理技术规范》CJJ134。

2.1.2 本条规定了建筑垃圾再生细骨料的定义,其中再生细骨料的定义参考现行国家标准《混凝土和砂浆用再生细骨料》GB/T25176。

2.1.3 干混砂浆的定义引自现行国家标准《预拌砂浆》GB/T25181。

2.1.4 本条规定了建筑垃圾再生细骨料取代率的定义,其中再生细骨料取代率的定义参考现行行业标准《再生骨料应用技术规程》JGJ/T240。

2.1.5 本条规定了建筑垃圾再生细骨料干混砂浆的定义,是为了促进建筑垃圾制备的细骨料的应用,减少建筑垃圾的环境污染,同时减少对天然资源的消耗。

2.1.6 本条规定了地面砂浆的定义。由于建筑垃圾再生细骨料干混砂浆的耐磨性较差,当用于地面或屋面时,只用于地面或屋面找平层。

2.2 符 号

根据现行国家标准《预拌砂浆》GB/T25181 和相关的技术资料,规定了建筑垃圾再生细骨料干混砌筑砂浆、建筑垃圾再生细骨料干混抹灰砂浆、建筑垃圾再生细骨料干混地面砂浆的符号。

3 基本规定

3.2 技术要求

3.2.1 本条对建筑垃圾再生细骨料干混砂浆的外观进行了规定。

3.2.2 本条对建筑垃圾再生细骨料干混砂浆的强度等级和28 d抗压强度值进行了规定。

3.2.3 本条对建筑垃圾再生细骨料干混砂浆的性能指标进行了规定。在进行抗冻性试验时,冻融循环次数应根据建筑热工设计分区确定,夏热冬冷地区冻融循环次数为25次,寒冷地区冻融循环次数为35次。依据现行国家标准及河南省工程建设标准《河南省居住建筑节能设计标准(夏热冬冷地区)》DBJ41/071、《河南省居住建筑节能设计标准(寒冷地区)》DBJ41/062的相关规定,我省南阳、平顶山、驻马店、信阳为夏热冬冷地区,其他地区为寒冷地区。

4 材料要求

4.0.1 建筑垃圾再生细骨料干混砂浆所用原材料应符合安全和环保的要求。

4.0.2 本条规定了建筑垃圾再生细骨料干混砂浆宜采用的水泥种类,但对于其他品种的水泥,只要能满足砂浆产品的性能指标,也允许适用。

4.0.3 本条规定了建筑垃圾再生细骨料干混砂浆所用细骨料的基本要求。

4.0.4 本条规定了建筑垃圾再生细骨料干混砂浆所用矿物掺和料的基本要求。

4.0.5 本条规定了建筑垃圾再生细骨料干混砂浆所用外加剂的基本要求。

4.0.6 本条规定了建筑垃圾再生细骨料干混砂浆所用添加剂的基本要求。

4.0.7 本条规定了建筑垃圾再生细骨料干混砂浆所用填料的基本要求。

4.0.8 本条规定了建筑垃圾再生细骨料干混砂浆所用拌和水的基本要求。

5 施 工

5.1 一般规定

5.1.3 本条规定了施工时建筑垃圾再生细骨料干混砌筑砂浆和抹灰砂浆的稠度确定方法。

5.1.4 为了保证施工质量,建筑垃圾再生细骨料干混砂浆施工完成后应该进行必要的养护。

5.2 进场检验

5.2.1 本条规定了建筑垃圾再生细骨料干混砂浆进场时,需要提交的质量证明文件。

5.2.2~5.2.3 规定了建筑垃圾再生细骨料干混砂浆进场的复验项目。

5.3 储 存

5.3.1~5.3.3 规定了施工现场建筑垃圾再生细骨料干混砂浆在施工现场的储存要求。

5.3.4 由于建筑垃圾再生细骨料干混砂浆在运输和输送过程中可能对砂浆的均匀性产生影响,所以当对砂浆质量的均匀性有疑义或争议时,应按现行行业标准《预拌砂浆应用技术规程》JGJ/T223 的规定检验其均匀性。

5.4 拌 和

5.4.1 因为不同生产厂家的建筑垃圾再生细骨料干混砂浆的拌和方式可能也不同,所以建筑垃圾再生细骨料干混砂浆拌和应按产品说明书的要求进行。

5.4.2 本条对施工现场建筑垃圾再生细骨料干混砂浆的拌和方式、时间进行了规定。

5.4.3 建筑垃圾再生细骨料干混砂浆的保水率低,在存放过程中会出现泌水现象。为了保证砂浆混合均匀,搅拌后的砂浆如有泌水现象,使用前应进行再次拌和。

5.5 砌筑砂浆

5.5.1 本条规定了建筑垃圾再生细骨料干混砌筑砂浆的适用范围。

5.5.2 由于各类块材的吸水特性不同,所以其砌筑时适宜的含水率也不相同。为了保证砌筑质量,砌筑时各类块材的含水率应满足现行国家标准的相应规定。

5.5.3 蒸压加气混凝土砌块具有吸水速率慢和总吸水量大的特点,不适宜采用提前洒水湿润的方法。

5.5.4 对墙体砌筑时每日砌筑高度进行控制,是为了保证砌体的砌筑质量和安全生产。

5.6 抹灰砂浆

5.6.1 本条规定了建筑垃圾再生细骨料抹灰砂浆的适用范围。

5.6.3 抹灰前对基层进行处理,是保证抹灰质量,防止抹灰层裂缝、起鼓、脱落的关键工序,应对此高度重视。

5.6.4 不同材质的基体交接处,由于材质的吸水和收缩不一致,容易导致交接处表面的抹灰层开裂,故应采取加强措施。

5.6.5 当块材有与之配套的界面砂浆时,优先采用界面砂浆对基层进行界面增强处理。

5.6.6 为了避免砂浆中的水分过快损失,影响施工操作和砂浆的固化质量,在吸水率较强的基底上抹灰时应提前洒水湿润基层。

5.6.9 为了防止抹灰总厚度太厚引起砂浆层裂缝、脱落,当总厚度超过 35 mm 时,需采取增设金属网等加强措施。

5.6.10 砂浆过快失水,会引起砂浆开裂,影响砂浆力学性能的发展,从而影响砂浆层的质量;由于抹灰层较薄,极易受冻害,故也应避免早期受冻。

5.7 地面砂浆

5.7.1 本条规定了建筑垃圾再生细骨料干混地面砂浆的适用范围。

5.7.3~5.7.5 提出了地面砂浆施工时所需注意的技术要点。

6 质量验收

6.1 一般规定

6.1.1 本条规定了建筑垃圾再生细骨料干混砂浆的施工质量验收应提交的资料。

6.1.3 本条规定了建筑垃圾再生细骨料干混砂浆抗压强度试块的取样方法和数量。

6.2 砌筑砂浆

6.2.1 本条规定了砌筑砂浆检验批的划分方法。

6.2.2 明确抗压强度按检验批评定的合格标准,其合格标准参考国家现行的相关标准。

6.3 抹灰砂浆

6.3.1~6.3.2 检验批的划分和检查数量是参考现行国家标准《建筑装饰装修工程质量验收规范》GB50210 的相关规定确定的。

6.3.3~6.3.5 这几项要求是保证抹灰工程质量的基本要求。

6.3.6 明确抗压强度按检验批评定的合格标准,其合格标准参考国家现行的相关标准。

6.3.7 抹灰砂浆质量的好坏关键在于抹灰层与基层之间及各抹灰层之间必须粘结牢固,判别方法是在实体抹灰层上进行拉拔试验。

6.3.8 本文规定了抹灰层拉伸粘结强度检测的分批取样方法和合格判定标准。

6.4 地面砂浆

6.4.1~6.4.2 检验批的划分和检查数量是参考现行国家标准《建筑地面工程施工质量验收规范》GB50209 的相关规定确定的。

6.4.5 明确抗压强度按检验批评定的合格标准,其合格标准参考国家现行的相关标准。